深圳园林植物配置艺术

The Art of Configuration of Landscape Plants of Shenzhen

主编　黄福权　陈俊贤

中国林业出版社
China Forestry Publishing House

图书在版编目（CIP）数据

深圳园林植物配置艺术/黄福权，陈俊贤主编.
—北京：中国林业出版社，2009.10
ISBN 978-7-5038-5712-6

Ⅰ.深… Ⅱ.①黄…②陈… Ⅲ.园林植物-景观
-园林设计-深圳市 Ⅳ.TU986.2

中国版本图书馆CIP数据核字（2009）第167952号

黄福权 1940年生。1961年在广州园艺学校造园专业毕业。1982年评为园艺师。1983年从韶关市调入深圳市园林总公司工作。曾任深圳市儿童公园筹建办主任。

1987年调入深圳特区华侨城园林公司工作。先后完成著名旅游景区锦绣中华、中国民俗文化村、世界之窗、深圳欢乐谷及华侨城城区各道路、商住区、厂区、学校、房地产楼盘等园林绿化规划、设计、施工工作。1992年评聘为高级园林工程师。1994年至2004年曾被聘为深圳市政府园林绿化技术顾问，亦曾被聘为广东三水荷花世界、深圳市海上田园风光、深圳市中心广场、东部华侨城等筹建办园林总监，是深圳市政府采购中心绿化工程类专家评委。

《深圳园林植物配置艺术》
主　编：黄福权 陈俊贤
摄影、美编：王慧琼
出　版：中国林业出版社（100009 北京西城区刘海胡同7号）
网　址：www.cfph.com.cn 电话 010-83222880
E-mail：forestbook@163.com.cn
发　行：中国林业出版社
印　刷：深圳市新视线印务有限公司
版　次：2009年10月第1版
印　次：2009年10月第1次
开　本：787mm×1092mm 1/12
印　张：16
字　数：30千字 彩照：约620幅
印　数：1~5000册
书　号：ISBN 978-7-5038-5712-6
定　价：198.00元

陈俊贤 1965年生于广东惠来县，理学硕士，1991年毕业于华南师范大学植物生理学专业。工作初期主要从事园林树木花卉引种及生产经营，自1997年以来专业从事高端住宅区园林景观建造及园林绿化技术研究，擅长应用自然手法营造生态园林。代表作品是中信地产名作：深圳中信红树湾。

引 言

园林植物配置形成园林绿化，这是一个艺术与技术相结合的有机生命体，所以园林绿化是有生命的艺术。况且，现在园林绿化更要体现其生态功能。谨以此抛砖引玉，愿与有关专业人士共商榷。

目录 CONTENTS

第一章　水景园林植物配置艺术

水是园林植物配置艺术中至关重要的元素，是林景艺术的灵魂、血液，是一切生命的源泉。溪、河、泉有强烈的动感，湖、池虽静犹动，湿地丛林生态群落，因水而变得自然野趣；曲桥、绿树、平台、水榭、驳石长岸……美景都因水变幻而更具魅力。

◀探水：用密植垂枝榕、水蒲桃组织溪边林相。

▲溪流中部小绿地种垂丝榕一株，榕喜湿、亲水，形成垂丝水石中、枝横小路上，尽显水石绿树情美景。

▲闹市中见原始野溪热带原生雨林，是小区绿化的首要任务。现代与原始相结合。

高榕之下配水石榕、蒲葵、春羽、龟背竹、野露蔸、红果仔，显得丰富、生态、神秘。▼

◀ 一帆风顺水石溪：高层用南洋楹、大王椰，中层用丛生蒲葵，近水旁用春羽、龟背竹、软枝黄蝉、大红花、红背桂、红铁、花叶良姜，组成亚热带溪流生态林相。

▲南国初秋：大王椰是南国地标植物，鸡蛋花也是岭南水乡特色，但入秋落叶，在桥边搭配种植，不失为上乘组合。

▲楼房、碧水、蓝天共一色，大王椰、蒲葵、鸡蛋花陪衬。

▲鸡蛋花、细叶榕、香樟组团种植，形成楼一层层、树一丛丛的景观效果。

▲椰子、大王椰、蒲葵、细叶榕、芒果组成碧水、绿树、蓝天，人间之园林绿景。

红花之韵

▲园林植物配置最终目标是令建筑置在森林中、碧水之间；为建筑里的人拉近和自然山水的距离；令里面的人离尘不离世。

思入水云间

▲岸边植黄槿。

▲石驳岸丛栽喜水蒲葵。

▲驳岸边植蒲葵、鸡蛋花。

▲密植椰林，间植凤凰木。

▲弧圈趣：白色弧圈廊架，绿色背景林，蓝色池线，硬质软质感互相媲美。

▲硬铺装弧线水池显线条重复美：一侧疏植高山榕，另一侧群栽金山葵，下是龙舌兰，福建茶密植修剪整洁，中间绿景是密植高低垂榕、细叶榕组团。

▶碧水、顽石，绿树映红楼，几多欢乐在景中。

◀丛林、水池巧妙拉近了人居建筑与自然丛林湖水的距离，令人们离世俗生活不远，离自然山水很近。人类需要居室现代化，也需要环境自然化。

▲卵石散落，隙生兰草、旅人蕉、细叶棕，散尾葵疏密恰到好处，栅栏小绿，美不胜收。

▲大王椰是只在广东南部亚热带中生长，欣赏其干及柔软羽叶，株型独特，是亚热带地标树种之一。

◀拱桥、红屋、绿树：大王椰为构图主景，王椰树池用黄金叶修剪成圆形，下层植鸡蛋花，拱桥、平台、曲水，整洁中亦显生态。

碧水绿树共人家

楼侧是细叶榄仁、黄槿、琴叶榕、桂花、红果仔、山瑞香、大小蒲葵、风车草、红桑、金叶龙舌兰、十八学士、美丽针葵，组织高低错落、节奏感强烈、疏密有致的流溪美景。▼

楼前湖景：用丰富植物组成湖边林带，烘托楼群。

小区绿化务必水、石、溪力求齐全。依溪营造生态林，生态林须品种丰富、绿量够重、层次够多，方能形成生态自然雨林。

▲ 宅前小溪野趣盎然，软枝黄蝉、银海枣、水石榕、非洲茉莉、垂榕、大叶紫薇等营造出绿林深处有人家景观。

楼前野趣：国王椰子、面包树、琴叶榕、细叶榕、青皮木棉、大叶榕、鸡蛋花、桃花心、蒲葵、春羽、红乌桕、老人葵、夹竹桃、非洲茉莉等组成热带风景。

▲楼前野趣：林景层次分明，节奏强，物种丰富，构图合理。

▲绿树丛林从池水逐步沿楼层伸向高处，形成优美绿冠弧线。

▼ 建筑在密林小道旁，码头为住户提供水上交通方便，园林为建筑群创造自然郊野水乡风情。

▲ 细叶榕、芒草、露蔸、散尾葵、春羽、肾蕨、软枝黄蝉、蒲葵、水石榕等组成池边家族，绿意盎然。

▲ 小湖澄静。

▲ 背景林是洋蒲桃、细叶榄仁、垂榕，湖边密植风车草。

▲ 楼宇住宅绿地有限，用密植林组景，密、高、幽、深，创造郊野生态空间，足不出小区尽享老林野溪之趣。

▲ 硬铺装之角植亲水鸡蛋花。

▲ 背景密植桃花心、春羽、红铁、砖红簕杜鹃，植物落差形成步步高。

▲ 水石溪涧，用丛林植高壮蒲葵成组，楼侧用桃花心、落羽杉、垂榕、水石榕、桂花、大红花、希茉莉、黄槿、小叶紫薇、洋金凤、簕杜鹃组成边景，水石中用风车草、春羽、鸢尾等组成矮层自然景。

▲ 万绿丛中几点红：密植垂榕、细叶榕、黄槿、鸡蛋花、大红花、秋枫、希茉莉、春羽，组成层层叠叠林相，再点植几组肖黄栌、大红花、红绒球。

▲ 两侧密植青皮木棉，梦幻水云间。

背景树细叶榕、黄槿、幌伞枫，前景是大小高矮蒲葵密植，植被是细叶龙船花、红铁，横生鸡蛋花一株，营造出亚热带溪流林相。

流溪古榕旧瓦寨。

春羽探水。

湖堤绿影

▼ 纯水岸，纯林景观。蓝天，碧水，绿树，湖区一岸洋蒲桃列阵，景观整洁、流畅。

▲ 湖水岸边主种金边芦苇，高低错落，白芦花依楼临水，十分入画。

▲ 湖堤整洁的石驳岸，黑铁栏栅，配植规格一致南国水乡地标物种之一的洋蒲桃，阵列美韵，赏心悦目。

▲ 天蓝、水清、树绿，形成优美人居环境的重要元素。

▼ 水阔天蓝，建筑掩映绿树中。

▼ 平波弧线岛，密植（小叶）榕，广东木棉、凤凰木点缀。

◀ 在有限空间造海边沙滩，椰林成荫。沙滩葵影为小空间增添无限风情。

▲用黄槿、水石榕、垂榕、夹竹桃、芦苇、希茉莉、秋枫、香樟、春羽等喜湿、耐荫、亲水植物，在小区极少的土地资源造小中见大景观。

▲绿林山水小瀑：植小叶榕、阴香、樟、秋枫、垂榕形成密林，果熟时鸟类飞临，浅池游鱼。人与自然和谐相处，共生共荣。

▲鸡蛋花、凤凰木、樟、蒲葵、细叶榕、水石榕、仁面、秋枫、桂花、美丽异木棉、盆架子、白兰、细叶榄仁等组成秋水绿波。

▶凤凰居：绿丛中耸立着建筑，栖息着生命，生命在绿色文明中栖息生长。

▲大王椰、蒲葵配置为主，红楼绿树。

▲绿色变奏曲：盆架子、秋枫、香樟、垂榕、水石榕、南洋楹组成起伏错落、变化无尽的林冠线。

◀飘台临水：绿树衬芦花，蓝天下平楼盖红瓦。在人口稠密闹市，还有此种水乡情书，实属上上之作。

◀椰林，芦花，绿树，相得益彰。

▼湖心小岛密植垂枝榕、细叶榕等岭南亲水植物，小岛植物冠幅横画于水平面，形成弧形线条浮于水面，构图圆滑。

绿樹倩影浸月中

高耸者为盆架子，用密植垂榕、水蒲桃、洋蒲桃、美丽异木棉、幌伞枫、老人葵、蒲葵、鸡蛋花等，组成楼前绿影。

椰林在后斜飘，鸡蛋花耸立，近水是再力花、风车草、水葱，表现出自然植物生态群落景观。

秋水长天共一色

◀
密植高大乔木，乔木之中是半荫生灌木、中小乔木，下层是荫生非洲茉莉、红背桂、蒲葵组成屏风绿景，免一览无遮之弊病，令园景幽深。

▲ 岸高层是水蒲桃，贴石生野芋。

▲ 椰林、芦苇、流瀑组成水云绿林景观，佳品也。

◀ 山、水、花卉、树木是人们居住的重要环保元素，在闹市住宅小区创造这种综合生态，自然是需要灵感，亭、台、木棉、细叶榕、大叶榕、银海枣等是这种环境的素材。

▲ 用小叶榕、垂榕、台湾相思树、水石榕、凤凰木、洋金凤、黄花决明、芒草、芦苇、龟背竹组织山林湖景，层林绿树。

▲ 池景局部：岸边是金山葵、蒲葵、希茉莉、非洲茉莉、红背桂、春羽，野溪绿水，景在水中生，十分佳。

曲水·绿树·生态居

楼前湖景：高耸青皮木棉、细叶榄仁、刺桐、洋蒲桃、水石榕、桂花是湖的层叠背景，几丛银海枣及蒲葵显亚热带湖景风光。

小区密林须阳、荫、高、低乔木、灌木、花草相结合，创植物生长良好环境，才能有住宅小区的优雅生态。色彩是生态美的一个元素，红绒球、大叶紫薇、黄槐随季节变化开出不同的花色。

湖中小圆岛有45平方米，共种了9株大小细叶榕，岛边有春羽、龟背竹、软枝黄蝉、蒲葵、希茉莉等。

水亭边王椰丛生，体现平面水线与大王椰垂直，竖线对比美。

蟛蜞菊、落羽杉配置，展示秋林碧水之美。

▲临池绿带：楼前绿地有限，密植水生、陆生、阳生、荫生阔叶棕榈树丛，丰富生态。

▶现代与原始：高楼大厦是现代象征，郊野湿地是原始生态特点，在楼宇下，榕枝横空，香樟直立，芦花、莎草、湿水地，又似荒野地，与体现现代文明的高楼相融成野趣，这种绿地独具一格。

▲亲水一族乐溪中。

◀流溪映红。

湿地芳踪

▲榕荫干河：细叶榕树荫下，设旱河卵石景，野露兜疏植，石隙中生春羽，龟背竹、野芋混种，亚热带断流河溪之趣盎然。

▲榕荫垂根，飞流小瀑，旁植野芋、绿萝、龟背竹等耐湿喜荫物种，显出高山流水，自然野趣。

▲小池浓密鸡蛋花。

▶静水，叠石，密林一点红。

绿水、绿树、芳草为住户提供环保生态环境，这也是最宜居住地之一。

拥抱自然：建筑有森林，森林有建筑，人们生活、工作、学习、活动在森林中。

城市土地尺土寸金，稀缺，住宅小区空间更金贵。在极有限空间营造一个山林流溪原始生态，令人足不出小区能享受这种大自然短缺资源。

▲ 大王椰、鸡蛋花、细叶榕居高，椰林曲水，美。

▲石层层叠叠，树层层叠叠。

▼芦苇、荷花、莎草、水葱、风车草等配置成栈道小景，别有情趣。

第二章　广场园林植物配置艺术

大小广场都是人流集散之地；开阔、开朗。
园林植物配置是以整洁、舒畅为好。

葵林椰韵

因池及驳岸整洁，用统一规格金山葵作部分林带处理，亦可收到群楼绿树效果。

▲广场旁植规格统一的大王椰阵，如战士阵列，威风凛然。

▲草坪中植蒲葵丛林，相伴相依。

◀绿化地密植椰子丛林，蓝天椰韵，别具热带风情。

▶空旷小地大王椰群栽，亭亭玉立。

在一片绿地里高、低不同规格营造蒲葵纯林，葵叶垂丝，葵林之歌，随风而动，意韵万千。▼

▲黄榕、白兰、桂花、狐尾椰交织成密林，小空间中木栈茶座，人在自然生态环境中。

▲ 烘托：金山葵组织景观的效果。

高植大王椰，下层密植蒲葵，
▼亚热带丛林顿生椰林协奏曲。

◀
建筑物前庭疏植狐尾椰，树池密植黄金叶，平剪，开阔、通透。

◀大王椰阵列。

▲密植福建茶、黄金叶，平剪成两色平篱；密植垂榕，协调建筑小品修剪，体现人工美的艺术修剪。

广場绿韵

◀多个圆头簕杜鹃盛开，摆放广场一旁，颇为壮观。

▲用黄金叶、九里香按一定规格密植修成板块绿地，甚具特色。

▲篱趣：小空间里，用黄金叶、福建茶密植修剪边角形组合，也有一种趣味。疏中密，郁闭与开朗并存。

▲广场用灌木板块与广场硬质石块铺料相铺相成，新颖有趣。灌木板块色彩对比，横、竖对比，人工修剪及自然生态林对比。

▲ 福建茶的修剪艺术。

▲ 福建茶的修剪。

▶ 密植福建茶修剪成图案，有绿量、高度。如铺草无立体感，且易遭践踏，从环保角度来看，用福建茶比铺草更胜一筹。图案视觉效果干净、利索、严谨。

▲ 硬质铺砖一块块，密植成板的灌木铺装也一块块，平铺直叙美。

▲ 方块建筑架空层前是方块密板小灌木，相映成趣。

◀ 对称：小广场两侧对称绿化，龙船花、海南洒金榕，中轴线乔木是萍婆。

▲既有自然森林，也有人工修剪的规则林木，两者结合好；但还是自然野味更好，令人置身大自然中，享受绿色生活。

▼小叶榄仁、芒果、苏铁疏密搭配。

水岸林趣

▲ 凤凰花开红似火。

▲ 点心、点睛。

屋子，园子，池子，亭子，果子。五子登科是人们理想的生活、生产、工作、学习、娱乐等活动的环境。屋子可以住人；园子可以赏花观木；池子观鱼跃；亭子休闲品茗；果子可尝果。▼

▼大草坪里组植大王椰丛，清新高雅，一脱俗意。

樹密草坪阔

▼浓荫绿草。

▲草地平，绿树直。

▼天高地宽。

蓝天绿纱窗，碧篱黄金叶。建筑融入天地美景中。

楼前广场的带状绿化地，不栽一株乔灌木，全部密植福建茶，修剪成平整篱板，显得严谨、端庄、明朗、整洁、大方、大气。

▲广场通道：高层密植大红花，剪成篱栏栅；矮者密植九里香，剪成带状板块，既有绿量，又防止行人践踏，与广场功能协调。

▲粉墙影疏叶，长篱分平直。一条绿篱整洁顺畅，分隔水平路面与竖立墙面，对比强烈，画面优美。

▶整洁的景墙、绿篱和小路显得格外舒畅。

◀绿地空间不一定铺设草皮，密植黄金叶、福建茶等距，修成琴键式板块，也有一种气魄雄浑的人工美。

▲ 大王椰、露兜巧搭配。

▼ 小广场群植小叶榄仁，仪态大方。

▲ 半月圆休息廊椅，背景是蒲葵，下层是密集而墨绿的大叶棕竹，右侧高大秋枫，左侧是鸡蛋花，显得靠背稳、严实，两侧挂靠高而严谨。

行径绿葱葱

◀用密植大红花修剪成篱栅，造就小广场的空间隔断，十分舒畅。

▲小区广场坡边地，不用铺草皮，密植黄金叶、福建茶修剪成块篱，修成高矮统一板块，琴键横斜与廊柱对比产生美。

◀青皮木棉独栽之雄姿，横向品种为红色海南变叶木及鸭脚木。

楼前活动小广场绿景：高耸的银海枣、楼宇，组成人工与自然的竖向线条美；硬质大理石块与密植简洁的灌木板块，构成横向线条美；色彩变化加上横竖对比，美不胜收。

大王椰下，山瑞香球、红背桂铺地，福建茶、黄榕整洁，折线小步道，韵味无穷。

规则的黄榕柱造型与草地配置，疏朗。

第三章　庭院小区园林植物配置艺术

前庭后院小空间是人居悠闲之地，在亚热带的深圳植物配置应西北遮阳挡风、东南开朗通透、满庭花木皆色香，房子、园子、池子、亭子、果子，五子登科有机融为一体。人们需要现代化居室，更需要原始自然的野趣环境。

庭院幽深

▲ 人类不断追求高科技的文明，但人类生活的环境是需要远古的传统——自然山水、丛林绿地。在花木丛耸立居家建筑是现代文明。

▲ 园林植物与建筑巧妙搭配，高低错落色彩均要与建筑物轮廓起伏协调，形成美感。在此，搭配时要密，密能加大绿量，形成丛林，丛林存在可遮挡一览无遗的视线，形成多种空间，让人们感觉这是天然氧吧。

◀ 小道旁是大王椰、白兰、桃花心组成乔木林，林下是密植成板的花叶鸭脚木，既清幽又浓郁。

万绿丛中一点红

小院里，绿草、栈道、红枫呈艳胜似二月花，假以时日，樟树、秋枫、盆架子密叶成景，届时深绿丛中一点红，亦不失为胜景。

树居：庭前小地植高大鸡蛋花一株，直上瓦盖，浓荫一片，颇具味道。

建筑物旁植凤凰木效果。

▲ 在小区内营造密林、流溪、水瀑，为区内居民增添绿野游踪。

▲ 迎客：孤植凤凰木之雅态。

秋归露台：红枫做主角，香茅、
▼ 丝兰、巴西铁、双色茉莉为配角。

大乔木浓荫下，阳光稀缺，一般植物难长，但只要选用恰当品种如半荫生的、荫生的、极耐荫林下生态植物群落蒲葵、大叶伞、野芋、鸭脚木、红背桂等，即可避免林荫下露土的通病。

绿化是文明，在小区中创造出原始亚热带雨林景观，是创造人类与自然和谐相处的文明文化，人与自然交织融洽的文化。

红楼，碧水，垂榕，绿树，黄蜡石。绿化只为烘托建筑，衬托建筑。

▲建筑物各线条规则，横竖、色彩形成自身对比美。老人葵，柔中有刚，楼前密植一丛，互相映衬、烘托，尽显刚柔美态。

◀杜英、蒲葵、黄槿、水石榕、桂花、红绒球、希茉莉、洋金凤、黄花决明、花叶良姜、黄榕组成群楼绿树枝疏绿带。

▶人口稠密的闹市，只有极少土地为人类居住创造环保生态自然文明，所以在小区绿化必须克服种种不利因素，尽可能丰富树木品种，模拟原始生态林相，为人类寻回那远古的回忆。

小叶榄仁是亚热带树种，遇到寒冷会落叶，是季节性强的树种之一，楼前种一株深秋落叶疏。下层蒲葵、大叶伞、花叶良姜、▼红背桂，任何时都撑起一片绿。

◀ 楼在林中，人在树下走。人们在森林树下工作、生活、生产、学习、娱乐，这是现代文明。

▼ 楼群美，楼前红花美，树又美。红簕杜鹃两侧是密集群植大小椰林，几株细叶榕令景色更浓。

▼ 建筑中有原始森林树丛，树丛森林中见建筑，建筑与自然融为一体。

▼ 蓝天绘绿：硬质楼柱竖向蓝天，旁植大王椰，形成竖向蓝天的自然线条。人工与自然竖线协调美。

▲在小区绿化林木中，选择开花品种尤其重要，不同季节开不同花，令人感到林相变化，时节更迭。

▲ 园奏曲：硬质白带花坛，弧线亭缘；大红花、福建茶密植修篱；自然生态与人工修剪结合，二者合二为一。

▲ 蓝花楹巨大乔木下是福木，周边是大叶伞、桂花、花叶良姜、簕杜鹃、黄榕，从蓝天到地脚都是花卉灌木。房在林中，林在房中。

▼ 楼前绿带：花灌木配置绿板红带效果。

◀ 因为亭子、林子都齐备，现代科技令人居建筑美仑美奂，园林植物配置为建筑环境锦上添花。

▲ 对景：加拿利海枣的景观效果。

▲ 楼前植小叶榄仁，枝叶散疏婆娑，让阳光朦胧在楼层中，楼层树影婆娑，甚富画意。

▲ 白墙整洁，散尾葵潇洒。

▲ 韵律：福建茶密植修剪成篱，协调硬质铺装，线条蜿蜒、顺畅。既整洁又自然生态。

◀ 密植蒲葵、老人葵，构筑热带居家景观。

▲绿野居：香樟旁侧高立，桂花香飘，棕竹浓绿耐荫，黄榕流畅。

▲屋前植大王椰林、蒲葵。

▲坡顶矮屋，绿树高耸，红瓦绿树映蓝天，画意顿生。

▲满目春光在眼前。

▲小区里绿化：不仅创造一个原生态自然景观，更要为居民创造四季变化的美景，花色是主要绿化元素，令居民有自然季节感。

高山榕横空垂丝，别有情趣，细叶榕、盆架子、蒲葵有序而种，组成园道风光。

▲ 小区行人道，一旁是凤凰木飘洒；另一旁花灌木组成生态自然隔离林带，形成庭前安静小空间。

南方烈日酷热，一般人行道要满足遮荫挡阳的功能，又要营造亚热带雨林生态的观赏效果，达到环保的各种要求，所以要大乔木、中乔木、小乔木、大灌木、中小灌木、花草地被搭配。▼

▲ 枇杷也是园路树种之一。

▲ 春光小道：红杜鹃、炮仗花、散尾葵，点植在硬质铺装行人小道绿地上，婆娑苍郁，春意正浓。

◀ 在极少土地中组织林景：楼前自然生态背景是木棉、垂榕、樟、秋枫组成绿屏，前景是红刺露兜，下层植春羽，右侧是芒草。这是一幅地域性很强的自然风光画，这是无声的诗，立体的画。

▶ 楼下小路绿化：除乔木外，芭蕉甚具特色，不妨应用在生态林丛中，一叶能知岭南春，是很好的地域性绿化材料。

▲ 楼下门前小路：一切尽在生态丛林中，门前小道均在花木掩映中。

楼下小路绿化：采取小叶榄仁为路树，白兰、桂花、含笑、米兰令小区芳香无限，红铁、黄蝉、洋金凤、小叶紫薇花事不断，黄榕、大红花修篱，保护绿化免人践踏又壮观。▼

▲楼下小路绿化：整洁，品种丰富。

▲ 楼下边角地绿化：此处有6个层次，10多个品种，令绿化再显生态自然、层次丰富的特点。

▲ 楼宇边角绿地：黄金叶为篱，椰子、散尾葵衬托楼柱。人工修剪与自然生态丛林相结合。

楼层下绿化：有七个以上高、矮层次，花灌木品种也有十个以上，地域树种相当明显，色彩香味俱齐。▼

▲ 楼层下的春光：鲜红、金黄、翠绿，一片生机盎然。在生态中又显人为的规则美。

▲ 盆架子、青皮木棉、大叶伞、银海枣、红洒金、红桑、大红花、桂花，花香阵阵，色彩鲜明。家在花木丛林中，人居在自然生态环境中。

◀ 楼宇巨柱，用一丛鸭脚木、扶桑、大叶伞几株一配，则见轻松活泼。

▶ 墙下香踪：小绿地植桂花、蒲葵、棕竹、山瑞香、黄榕，品种繁多一气呵成，自然生态。

墙边、墙体生硬、呆板、枯燥，但有绿带起伏、错落的组织就变得有生气，有灵气。▼

▲ 楼宇下层边角地带：为美化高楼天井边角小地，要选耐荫品种。散尾葵婆娑轻松为首选，大叶伞、红背桂、鸭脚木、鱼尾葵亦为上佳。

▲ 楼下门前沿梯绿化：门前两穴整洁的垂榕，亦显其风格。

◀ 楼下边角地绿化：列植蒲葵，虽疏但叶婆娑，树池用沿阶草密植，别具韵味。

楼下角地绿化：墙角散尾葵，树池植龟背竹，极富亚热带韵味。▼

▶ 楼下梯前：因道路铺装，只留下1.5米宽绿地，为营造常绿生态景观，植高大老人葵，加黄榕为篱边。利用层次达到丰富目的。

▲ 楼宇墙边花槽种植：窄地花槽丛植蒲葵，密植鸭脚木在树池，形成绿带，软化、亮化墙脚。

▲ 高墙下角地绿化：散尾葵高立，桂花飘香，在弱光处植野芋、孔雀竹芋、红铁，自然生态，密能令绿量大，且防践踏，争取最好绿化效果。

▼ 楼下边角地绿化：很小边角地，建成有绿量且美观绿地小品，要选荫生耐湿物种，且要密植免被践踏，散尾葵、红背桂、野芋、鸭脚木、毛杜鹃是首选。

▼ 楼前窄地：双植大王椰，楼树相拥，不失成趣。

▼ 高楼下边角地绿化：散尾葵、孔雀竹芋、蜘蛛兰、红背桂、龟背竹、鸭脚木，密植夹道，地小，但亦显物种生态自然、丰富，地域性强。

▲ 丛林背后楼宇下、架空层前：香樟为主路树，花叶垂榕、大叶伞、桂花、黄榕球、非洲茉莉、大红花、红珊瑚组成生态丛林，前面是板块鸭脚 木，层林叠翠。

◀ 脚叶：柱下小绿地，密植黄榕略高于花叶鸭脚木，色彩有对比，层次分明，又不会被践踏。

▲ 高楼柱脚下：大叶伞婆娑高耸，大丛小丛非洲茉莉满布，外有垂榕、桂花、鸭脚木组织了这丛林美景。

▲ 楼下架空层绿化：边沿地带路树为香樟，内层是白兰、桂花、垂榕、花叶垂榕、非洲茉莉、希茉莉、毛杜鹃、黄花风铃木，组成生态花木丛，路沿为修剪黄榕及鸭脚木。

◀ 楼下架空层绿化：桂花、散尾葵、蒲葵、鸭脚 木、黄榕、红铁、天冬在一处，生态野趣。

▲ 大叶棕竹、非洲茉莉喜光但更耐荫，大叶伞在散射阳光里，生长亦良好，这是架空层内较好配植的材料。大叶伞、大叶棕竹、非洲茉莉对阳光雨露需求甚少，在暗天中泰然自在。

建筑在森林中
森林中有建筑

▼楼下架空层装点：地域性强，轻松、潇洒。

▲楼层下架空层绿意苍浓：楼之旁，大王椰高立，极荫处植大叶棕竹，靠阳光之地满种鸭脚木、黄金叶、花叶连翘，篱为修剪垂榕，整洁、浩荡。

架空层下绿化：架空层里阳光不足，必须选用耐荫植物，如蜘蛛兰、白蝴蝶、山瑞香等，保持不露土，有绿化覆盖。▼

▲架空层内绿化：密植棕竹能较长耐荫，选50厘米—60厘米高棕竹可形成整洁墨绿板块，层外密植蒲葵、散尾葵，乔木用狐尾椰、大王椰，内外绿化一气呵成。

裙楼架空层：挨圆柱高植散尾葵一丛，八角金盆、米兰作地被，浓浓亚热带标识风情。▶

绿树丛中架空层：小叶榄仁、蒲葵、桂花、垂榕、非洲茉莉、大红花组织架空层外环境，架空层内阳光稀缺等处，密植大叶棕竹，形成内外尽是绿的景观。▼

裙楼层绿化：楼宇首层往往架空，称架空层。用散尾葵、棕竹、蒲葵等叶型具有观赏价值，且耐荫湿，造型潇洒、活泼。▼

现在高层楼宇地面首层多为架空，留作绿化，或硬化供公共使用，所以架空层绿化处理影响整个小区绿化的效果质量。架空层绿化要选择耐荫半耐荫小灌木，外层稍有阳光处种小乔木，品种可丰富，达到生态自然目 的。▼

▶ 架空层下绿地：极荫处种棕竹，稍有阳光处植鸭脚木、黄榕，各种植物发挥各自作用，为不露土作贡献。

▼ 裙楼底下风光：架空层下，植鸡蛋花、黄榕、红花继木、八角金盘、九里香。建筑与自然植物生态共融共生，这是人与自然和谐之作。

▼ 裙楼架空层下：散尾葵婆娑植下层空间。亚热带风情呈现眼前。

▲ 墙上缘：架空层虽阳光露水稀少，但大花叶绿蔓枝顽强爬生。

▲亮绿：架空层里阳光稀缺黑洞洞一片，唯有大丛小丛大叶棕竹、散尾葵、蜘蛛兰安然无恙。

▲架空层内侧：佛肚竹、白兰、杜英、桂花、黄榕球弧植，黄榕成带篱，野趣横生。

◀烘托：垂榕、大叶伞、花叶良姜组团烘托廊亭，确是建筑中有森林、森林中有建筑，建筑与自然融为一体。

▲相伴：楼柱高耸，几株大叶伞横斜，把巨柱装点得生机盎然，趣味顿生。

▲ 楼宇墙角无限春：墙角下，耸立一株蒲葵为主角，再按高矮依次植山瑞香、棕竹、野芋、鸭脚木、蜘蛛兰等，绿波起伏，春意无尽。

墙角绿化

▼楼角红花：楼角地植旅人蕉、砖红簕杜鹃，散尾葵陪衬。红花绿叶春意横溢。

▲屋角墙边：大树秋枫，耐荫灌木棕竹、鸭脚木，浓荫鲜绿。绿树花木高矮与建筑高矮恰成天仙配，美妙和谐在一处。

▲屋角春晖：在屋一隅小绿地，桂花在后为背景，希茉莉花开，红色海南洒金榕鲜艳，自然生长几枝黄金叶，配上深绿非洲茉莉。

▲屋角小，修剪的黄榕，几块湖石，清雅。

▶屋边墙角：小绿地种大树，争取最大绿化效果。建筑在树木里，树木因建筑而生辉，互映互衬，和谐共荣。

▲屋角墙边装点：角头小地，一丛密棕竹，别具一格，互相协调共存。

▲人们居住需要整洁、舒畅、明朗但又充满绿色文明的自然环境，各种花木密集而不乱，秩序井然。

▶散尾葵破框而出，棕竹为二，横列黄榕篱，小绿地创造大景观。

◀美丽异木棉、鸭舌榕、大叶伞、花叶良姜，黄榕成篱，孤寂楼底顿感春光生辉。

墙角之春：盆栽亦生态丰富，花叶绿萝、凤仙、金边万年青、吊挂绿萝，亮丽夺目。小品绿化上佳。

墙边小块绿地处理：挂吊绿萝，山瑞香球稍高，平栽鸭脚木，款式新颖，好一幅绿地小趣。

绿溢花槽：门前都硬铺了，剩下两花槽，种非洲茉莉，飘溢满槽，整洁，绿量饱满。

楼角背景乔木是青皮木棉、鱼尾葵、翠竹、芭蕉、大叶伞、野芋、蜘蛛兰，搭配得当，小绿葱苍。

▲楼下商铺小绿：商铺前长形花槽密植黄榕，修剪成带，既不挡视线、阳光，又成美景，景观耐久。

▲墙角植紫薇，绿树红花，顿显生机。

▲ 楼旁植盆架子效果。

▲ 墙角绿丛：美在高、矮层次。金山葵为高，散尾葵为次高，桂花、小叶紫薇、棕竹、米兰、九里香、黄榕、蜘蛛兰浓密有韵律，显生态，多彩丰富。

▲ 绿野芳踪：楼下墙角以樟为乔木，白兰、桂花、山瑞香飘香小区，再用十种以上高矮灌木组织景观，既整洁又自然生态。

边角绿地别有天地：垂榕略高在后；散尾葵婆娑在侧；野芋耐荫叶型在下，红背桂填充；九里香低矮密排在前，节奏强，层次明。

红墙绿葵：高空花槽植大、小蒲葵，对比鲜明、活泼自然，亚热带标识跃然其中。

花木居：楼下庭前，大叶伞为主，散尾葵、非洲茉莉、黄榕为辅，小院掩映花木丛中，居室在花中。

▲ 栏栅小景：栅栏方角绿地，罗汉松为主景，下层是茶花、黄金叶，层次色彩分明。

楼宇下层边角绿地：楼柱下小绿地配银海枣、桂花、花叶鸭脚木，品种丰富，生态自然。这类绿化强调丰富物种，地域野趣。

▼

◀

墙角春意：门之旁、墙之角，先植高耸散尾葵一丛，第二高度是桂花，第三高度是米兰，第四高度是矮黄榕成篱，小死角则活跃了。

庭园铺装因草皮与地平易被践踏，用福建茶密植修成板块，有草皮观赏效果，比草皮吸尘，放氧更多，更环保。

三层坐级，三层篱，坐级背靠仍然是绿墙：三级硬质大理石座位，用垂榕作篱修成级协调，坐后靠，密植桂花，形成极好陪衬、烘托。

▲ 阳光露台的圆铁围栏过于单调，密植福建茶修剪成篱带协调铁栏。既生态环保，又美化高层栏栅。

▶ 小叶龙船花、红草、黄金叶、九里香密植成篱，线条分明，各领风骚。

▲ 空中绿岛：富亚热带风情，蒲葵、野芋、红色洒金榕，够绿量，有节奏感，构筑成一个绿岛小生物圈。

烘托：景墙后面密植散尾葵，两侧各一
▼ 株鸡蛋花，墙前带状花坛密植黄金叶。

▶ 几个石圆球是在重复美；石方柱、黄榕修剪成长方板块，长、方、圆对比美；树丛高、矮错落，前后组成节奏起伏的绿色林冠线，跟直立的建筑群硬线对比，又产生另一种美。

▲楼前碧水、红叶、绿树，美。

▲木栏栅上爬生一株巨型龟背竹，叶大裂如龟壳，良缘怪趣。

美的修剪：楼下门前行人频密流通，硬质铺装，小块绿化地，密植各品种耐剪小灌木，修剪成圆球半圆球，长、方、弧形对比，有情趣。▼

▲小院植粉丹竹一丛，如万千齐立。

▲ 亮剑蓝天：红刺露兜，叶型树态别有风格，有很高观赏价值，草坪孤植一株别有韵味。

▲ 红亭绿丹竹，令人顿感轻飘脱俗。

▲ 广宁竹组景效果。

▲ 树石情：硬质蜡石，种些毛杜鹃、桂花、小叶紫薇，鸭脚木点缀其中，相互衬托，倍觉有趣。

小院前孤植红刺露兜，形态独特，景观别具。

小区绿树，争天夺地，菩提榕、盆架子、秋枫、红刺露兜、木棉、蒲葵、火焰木、国庆花、红车树、垂榕交织生长，形成丰富多彩雨林景观。

自然配：旅人蕉为主景，细叶棕竹、肾蕨、虎尾兰、卵石为陪衬。

盆栽小摆，丰富，变化，对比度强烈，美感生态，比正常仅植一种花卉的简单盆栽花卉确胜一筹。

第四章　道路园林植物配置艺术

出行之道为路。植物配置应以遮荫挡阳且又不妨碍交通畅顺为宜。雨林曲径人往幽处走；直林宽道车畅游。有原始生态自由野趣，也有整洁的现代舒适，要有本地地标植物，让深圳充满亚热带风情。

道之绿韵

▲用台湾相思做隧道，一路都相思。

▲用密植福建茶修种成宽厚隔离带，确保行人与机动车道分离，这比铁栏栅分离更环保、和谐，生态美观。

▲小路景观一侧为乔木垂榕在高层，大红花密植修剪成篱，协调路沿石，亦收顺畅之功。

▲大红花密植成篱带，垂榕、油棕枝叶横空。

▼郁郁苍苍深南大道华侨城路段。

▲ 凤凰路树下绿带：树下种非洲茉莉。

分车道密植多种乔木、各种规格灌木、各品种花草，形成生态林带，车如在原始生态中行驶，是享受型的行车。▼

乔木之下分车道绿化：要考虑交通功能，又体现林下生态自然美观，福建茶修边协调路沿石，毛杜鹃、红背桂、黄蝉、小叶紫薇都能有较长时间生长。

一路红花：台湾相思路树与砖红簕杜鹃混种的效果。

细叶榕、加拿利海枣、广宁竹、大红花、花叶鸭脚木组景。

深南路葱葱苍苍：用椰子、金山葵、凤凰、樟、木棉、南洋楹、红花紫荆、夹竹桃、美叶桉、鸡蛋花、芭蕉等56种乔木、花灌木组织成原始亚热带雨林，生态林相别具一格。

大叶榕速生快长，枝条萌芽强，用作路树别具风格。

园路体现了人工与自然结合的园林景观。楼下高植疏落大王椰，不会遮挡窗台视线及光线，也构筑上层林木景观；中层是密集的白兰、桂花、宫粉紫荆、蒲葵、洋金凤、小叶紫薇，生态自然；路沿是修剪的黄金叶。

路树为绿化芒果树，混种砖红簕杜鹃，营造芒果树开红花效果。

▲ 郁郁苍苍深南路：组种凤凰木、红花木棉、鸡冠刺桐、宫粉紫荆、大叶紫薇、小叶紫薇、火焰木、风铃木、面包树、佛肚竹、美叶桉、夹竹桃、大红花、细叶榕、细叶榄仁、樟、洋金凤、黄蝉，福建茶为篱，组成生态雨林。

▲ 巨杆粗枝织蓝天。

绿带：高层是整齐垂榕；中层是夹竹桃；下层彩叶草，黄榕修剪成带；层次色彩鲜艳悦目。▼

◀ 为形成小区优雅幽静空间，用香樟、垂榕、大叶伞、白兰、大红花、洋金凤、夹竹桃、黄槐组成层叠绿景屏风，下层是黄榕球，铺地是红背桂，整洁、舒畅，有香味，有色彩。

▼ 分车道绿化：为保证交通安全，树木花草不宜过高以免影响视线。用黄榕修篱协调整洁路沿，配以红花，中部用黄榕球、桃花、美丽针葵，再填充鸭脚木不至露土。

凤凰三月亦红花：凤凰木三月正是落叶期，五月才花开，团团簇簇红似火；现在却疑似五月花。凤凰木与砖红簕杜鹃混种效果。

▲ 芒果做路树亦收林荫之效。

▲ 大王椰、台湾相思组成人行道树。

▲ 园林植物配置要有大、中、小的乔木和灌木；要有阳生、荫生、半荫生、香味、色彩等搭配。

▶ 凤凰木做小区行道树，初夏花火红，仲夏荫如盖，初冬枝丫姿态如在路空飘舞，甚具诗情画意。

▲ 椰子树作行道树，更显亚热带特色。

▶
大王椰只在广东以南地区生长，是亚热带树种，干通直，羽叶，是特色亚热带地标树种之一。

▲橡胶榕是岭南特色树种，粗生速生，病虫害少，是良好的路树。

▲乔木分车道：有福建茶绿篱、细叶紫薇、红背桂、毛杜鹃、龙船花、红变叶木、黄蝉、桂花、洋金凤，浓荫树下绿的世界，万物共荣共存。

▲琴键路篱：分车道、栏栅用太多钢铁栏，辐射热强劲，不够生态环保，密植黄榕、福建茶，整洁，高矮两层篱，亦有自己的风格。

▶小路一角：上层用大王椰、白兰、垂榕、黄槐、蒲葵等，林相野趣自然，而小径硬质铺装人工考究，人工、自然两结合。

▼广场小路两侧密植四季桂花，满路芳香。

▲小绿带中密植垂榕修剪80厘米高，形成人行道与车行道分离之功能，环保、壮观。

▲小路用芒果、水蒲桃、洋蒲桃、香樟作高层荫蔽。黄榕为路沿石之篱，整洁，防行人横穿，起良好导向作用。

▼红花绿树白水柱。

乔木分车道绿带，往往因过度荫蔽、植物不生而露土不雅，但红背桂却能密集生长，有效形成隔离带。▼

▲ 用密植自然状高垂榕形成空间屏风，建筑物脚线饰以黄金叶球加草地，形成一个开阔空间，疏密有致，亦不失为美。

▶ 两侧林木高耸成屏风，路沿密植黄榕成整洁的篱，爽、朗、畅。

▲ 福建茶为外层高篱，黄榕为里层矮篱，再点种国王椰，气势磅礴壮观，而且免行人横穿乱踏，创整洁、文明景观。

▼ 路旁雅致：黄金间碧竹，配景石，圈以柔质阶前草。

▼ 平桥花带：砖红簕杜鹃也形成平篱开花，搭配协调；树旁鸡蛋花、水杉、芦苇、莎草则添湿地韵味。

闹市里有说不清的拥挤、混乱，而这里梯明路净，绿树如洗，脚步轻松地移动在十五分钟步行圈里，享受着自然山水的种种恩赐，深呼吸吧！

▲小区散步小径都组成整洁、生态、野趣十足的景观，让人真正生活在自然植物景域中。

▲乔木白兰在后组织浓荫，前段用大叶伞、散尾葵、棕竹及用白蝴蝶、蜘蛛兰、变叶木修剪成畅板块。开朗郁闭，直径亦通幽

◀小区高篱小道三个层次：
1. 高垂榕立面修剪；
2. 大红花立面修剪；
3. 黄榕立面修剪。

整洁形生态林路口处理：高层是疏植大王椰、黄榕、福建茶成篱；背景是垂榕、桂花、小叶紫薇、大红花；山瑞香为球▼

▲小区消防及登高面景观：通透顺畅。

▲ 小区消防道右侧为消防登高面，低矮绿化，整洁，符合消防安全要求；左侧景观林带高耸自然。

▶ 小区消防车道宽阔流畅符合安全要求，林景扶疏，层次分明，彰显诗情画意。

通透·顺畅·消防道

◀ 人的个体流通往来可以通过径来完成，而小区消防路是车行的，为安全、快捷、准确达到目的的，此类路是需宽阔明达，但亦要进行园林配置，达到美的效果。

◀ 消防车道密林苍郁，路沿篱带整洁，视线清晰，符合小区消防道安全美观要求。

◀ 消防道：扁桃、大王椰子、蒲葵组林成景。路沿是黄榕，保持道路整洁顺畅。

曲径通幽

▲ 大叶紫薇、鸡蛋花等组织秋景。

▼ 五重奏：芒果属高层；鸡蛋花是第二层；含笑球是第三层；第四层是蜘蛛兰；第五层是黄金叶。层次丰富。

▼ 小区小路，如果不是消防通道，用什么做高层乔木均可，只要是区域明显的植物。

▼ 小区用细叶榄仁、白兰、芒果作主乔木。

▲路为人流通道，必须平稳流畅，所以用黄榕密植修剪成篱，然后用凤凰木、香樟、秋枫、杜英等高乔木实现蔽荫目的。中层用桂花、垂榕、紫薇、大红花、洋金凤组成笆，生态景观令人不感单调空虚。

▲在住宅小区里犹如漫步在深山老林之中，这便是融入自然。

▲乔木是五味子、香樟、火焰木、桂花，人们足不出小区可在疑似原始森林小径漫步，尽享山野林趣。

▲ 幽林小路栽种桃花心、细叶榕、细叶榄仁、秋枫、蒲葵组织成浓荫密林，居家在天然雨林中，这是理想的人居环境。

▲ 篱之曲：墙下小绿地成长带疏种几株棍棒椰，通透秀丽；树池内密植福建茶呈三角略低剪，组成长带，风味独具。

◀ 世俗生活不烦，因离自然林近。蓝天、高树、芳草、平坐凳，休憩、休闲，心旷神怡，尽享自然乐趣。

红刺露蔸、鸡蛋花、木榄仁、小叶棕竹、桂花、白蝉、红果仔、大叶紫薇，真是曲板绿径亦风流。

▲垂榕、大王椰为高层绿化树。球状大红花、银边草，令路景干练、简洁且不失丰富。

◀小区里，浏览小径用大叶榕、桃花心木、大叶伞、水石榕，加拿利海枣、蒲葵、花叶连翘、红铁、变叶木、毛杜鹃等，构建成雨林曲径的景观。

1.5米至1.7米是行人最高视觉美的范围，密植花叶鸭脚木、大红花、黄榕成球，背景是散尾葵、桂花、红花继木等，高层是垂榕、桃花心等，组成绿屏林密畅朗小道，形成对比美感。

▲ 小径弯弯，两侧篱饰是整洁黄榕，第二层是花叶连翘，第三层是红铁，中层是蒲葵、大红花、红绒球，也混有夹竹桃等，高层亦混插高山榕，形成干净、利索但又是自然生态的林径。

◀ 用香樟、杜英、水石榕、老人葵、桂花、龙船花、散尾葵、黄榕、山瑞香、非洲茉莉、夹竹桃密植组成层叠、苍郁雨林路景，人们出入在森林中。

▲石板小路，芦苇挡道，花叶鸭脚木在旁，尽头是翠竹。

▲用石料多变来完成小径铺设，植物材料也可不断变化品种，只要有地域性、丰富性便可不拘一格。这里是琴叶榕、散尾葵、桂花、花叶鸭脚木、紫薇等。

▲园林植物步行圈配置得相当幽雅，白千层密林下芳草如茵，兰草碧绿，步步是氧吧。

▶为营造小中见大的园林空间，密植品种丰富的乔灌木，互相掩映，造就步移景换的效果。后层是密植高层垂榕、桂花，偶植鸡蛋花一株，非洲茉莉球密排，鸭脚木封底。小路上层林木生态自然，下层则整洁规则，自然与规则相结合。

▲芳草地，青翠绿树，还有弯弯的小路，蝶在飞舞鸟儿欢歌。

▲樟树、佛肚竹、水石榕、盆架子、龟背竹、黄榕球密栽组林成景。

▲上层为：蒲葵、桂花，下层为黄榕、红花继木、草坪，造成景观高差节奏强烈、物种丰富效果。

▼散尾葵、蒲葵、芒果组成雨林小径，绿意葱葱密不透风。

绿屏：高层为大王椰，垂榕；中层为小叶紫薇、大红花、红绒球、鸭脚木、黄花决明、希茉莉；下层为修剪黄榕为篱。形成生态形隔离绿墙景观。▼

▶ 蒲葵、南洋楹、桃花心、盆架子、大、小叶紫薇组成林荫路景，路沿黄榕修成篱，达到整洁目的，路旁用桂花，红洒金等组成中景，令路生态、遮阳、流畅。

▲ 高乔木仁面、垂榕、盆架子作遮荫；下层植黄榕作篱；中层是毛杜鹃、硬枝黄蝉、红背桂、大红花。林径深远清雅。

▼ 绿环：用鸭脚木密植成篱，令小道舒畅，行人不易横穿，篱饰也是导向、路标。

▼ 人们需要一条有趣木板小径完成休闲、散步、思索、探询，环境需清幽，用落羽杉、蒲葵、香樟、桂花、再力花、风车草、草坪等。

◀ 人们希望在十五分钟步行圈内享受自然山水林木之乐趣，作为植物配置，在步行道两侧要做到林荫夹道。图中大叶榕在后，高干散尾葵居中，大量密种各规格蒲葵，形成神秘热带丛林路，有趣。

▲ 人们住在楼宇里，通过各种径道与外界接触及进行各种交流活动，为此营造自然生态的环境是园林配置的首要任务。

▲ 椰风绿韵：密植蒲葵及美丽针葵，黄榕为树池密植，形成浓郁热带风情。

▲ 桂花、金脉爵床、米兰、九里香、毛杜鹃、大叶棕竹等植物组成芳草径，令人每走到一处都有回归自然之感。

▼ 现代与原始林景态并存。

▲ 林间小憩：高耸盆架子、假萍婆、秋枫、水石榕、大叶紫薇、仁面子、春羽、毛杜鹃组成的雨林下，有整洁的路、园凳供人们小憩片刻。原始密林下有人工的修饰，为人们提供现代文明。

小区一切道路尽显野趣自然，仿佛入古林。

▲ 幽林小径：乔木是腊肠树、秋枫、南洋楹，路之旁是耐荫棕竹、花叶鸭脚木、垂榕、红果仔，极具林间路趣。

▲ 生命，需要栖息，需要一个跟自然山水林木共栖息的家。让生命在自然山水中得到延续、得到抚慰、得到享受。

▼ 竹径：广宁竹效果。

◀ 大红花、假连翘修成起伏密植篱，既保护内层绿化，又为路景创造一种节奏美感。

▶ 曲路野径通向高楼大厦世俗的家，芒草、芦花、蒲葵、蜘蛛兰交织组成绿化，简单、普通，粗长植物也能创造出自然野趣天地。

▲宅区小路用高大乔木桃花心、大王椰、香樟及花灌大叶紫薇、水石榕、红果仔、大红花、希茉莉、桂花、鸭脚木组成自然生态林，用黄榕修篱成整洁园路。

小区小路用低矮绿篱协调路沿石，其一防人穿插，其二绿量大，其三景观整洁舒畅。▼

▲高山榕为行道树植物配置，是创造人行、车行均在自然生态林中行，强化不晒人、车行不扬尘、树多湿度大，有尘也被枝叶吸附了。

人在林中走

在园道旁密植蒲葵，关键要密，密是绿量的保证，再密植龙船花，密植黄榕剪齐协调路沿石，令行人无法横穿。这种绿化满足交通、环保、生态功能。▼

▲ 路旁边坡坡顶边缘植大王椰，坡面种植簕杜鹃、希茉莉，毛石挡墙边是黄金叶修剪成篱。

◀ 绿树红花：湖堤石驳岸，硬质铺装树池植岭南水乡极具特色的洋蒲桃、簕杜鹃，显尽地域绿化树标，不尽是“水边宜柳”。

▲竹径：琴丝竹效果。

◀
小径用黄槿作高层挡阳，黄榕成篱为整洁，红绒球、金叶连翘、变叶木、水石榕、桂花是为了组织生态林相景观。

▶
林荫深处：远处用细叶榕、桂花、老人葵组织生态林荫；近处用黄金叶为篱，创造整洁效果；侧旁用毛杜鹃、黄蝉、希茉莉、红果仔构筑灌木丛。自然生态。

◀
芒果、大王椰为主体，路沿边用修剪成带福建茶，乔木下树池植小叶紫薇、桂花、大叶龙船花、毛杜鹃、变叶木、红背桂，既整洁又自然生态。

▶虽是住宅区小路，
犹如原始林中独径。

▲散尾葵为小区路树。

▶分车道绿化：内种
植乔木凤凰木，下配置
簕杜鹃、大红花、黄榕、小叶紫薇，春意盎然。

▲栈道也是人流通的一种渠道，同样需要顺畅，通过园林景观为人们流通时增加趣味及创造流通的舒适。此为美国垂榕，下是非洲茉莉及洒金。

用垂丝榕作小道路树，千丝万缕，万般风情。

原始生态与现代整洁相结合，多种乔木灌木组成生态林，篱则整洁、人工化、令行人顺畅、平稳，安全舒适现代化。

大王椰与竹林带：作为小道路树，只要选用本地的树种密植，搭配效果综合自然生态。

▲ 块块平板石配连贯性垂榕高篱、矮层大红花篱，整洁不失自然生态，也是一种美。

高墙窄路：用三个层次植物修成高、中、矮三篱，高者3米，中者80厘米，矮者60厘米。路窄绿墙层次分明，另有一番情趣。▼

◀ 大王椰、狐尾椰、蒲葵、红刺露兜全是亚热带品牌树种，有身在异国他乡之感。

◀ 分车道绿篱主要满足交通功能之需，且有一定高度，防人横穿。修剪的绿篱整洁，品种色彩丰富，景观各有精彩。图面右旁为整洁篱，左道为生态篱。

▲ 美的剪裁：严谨的规则树池密植小灌木，剪裁后产生韵律美。图中树池是福建茶、黄榕密植栽剪效果。

▲ 绿树烘托灰路白楼。

▶ 大王椰、椰子作庭园小道高层树种，蒲葵耐荫做下层配植，形成层次分明、浓荫苍绿的热带路相。

第五章　立体攀爬类园林植物配置艺术

攀爬是大自然植物生存艺术之一，
也是园林植物配置艺术之一。

▲在林丛中，簕杜鹃攀爬树干追阳生长，形成绿叶红花景观。

▲爬墙虎成篱，如挂绿毯。

龟背竹，沿墙角向上爬，别有情趣。▼

使君子攀爬效果。▶

情深如磐：龟背竹，石上缘。

披红挂绿炮仗花。

挂绿：使君子效果。

千手织绿：炮仗花爬花架，
砖红簕杜鹃爬小叶榕。

炮仗花、使君子、簕杜鹃攀爬类植物，一路爬一路播绿。

架中缘：棚架前炮仗花、簕杜鹃共生共荣。

母子情深：大王椰，龟背竹。

▲ 爱恨交织：大叶绿萝、砖红簕杜鹃依然爬升生长。

牛心藤爬缠高山榕，形成亚热带、热带林相，使用寄生类缠绕攀爬类是经常的。

不分你我：热带雨林中由于阳光充沛，高温、湿度大，各种植物竞争生长，靠攀爬他树生长的也不少，也是有趣的自然生态景观之一。图是龟背竹。

▲你我永不分离：几经周折，凤凰木爬生簕杜鹃。

▲树上缘：紫檀树上爬生一株麒麟尾。

▶拥抱：牛心藤，薜荔。

飘绿飞花

◀花出墙：阳台密植砖红簕杜鹃效果。

◀建筑天台绿化，蓝天映在花架上。

▼高楼大厦飘绿飞花，立面绿化。

▶ 楼一层层，花一行行：砖红簕杜鹃密植于花槽。

▲一线天：天井花槽满蒲葵。

飞花洒翠：天桥花槽
▼满种砖红簕杜鹃效果。

葵韵：楼上花槽虽荫但种
▼上耐荫的小蒲葵，有情趣

▲飞花飘翠：阳台花槽种满簕杜鹃，与飘洒小叶榕辉映成趣。

▲楼一层层、花一行行：砖红簕杜鹃（密植），散尾葵（密植）。

▼楼一层层，花一行行：砖红簕杜鹃、假槟榔。

▼飘红拥绿：阳台花槽簕杜鹃与楼旁密植大王椰效果。

▼楼一层层，花一行行：砖红簕杜鹃、散尾葵。

挡土墙绿化

绿城墙：三面挡土墙侧植三层垂榕立面修剪，软化毛坯石墙。

密植垂榕，立面修剪形成绿障遮挡硬质挡土墙。

绿的长城：路边毛石墙有高低。密植垂榕与墙等高修剪，整洁顺畅不妨交通，亦美化石墙。

路边毛石挡土墙处理：采取密植垂榕修剪成与石墙等高的栏篱，形成绿的长城景观。

矮篱挡墙：入口的挡土墙，用两个层次的密植，修剪成整洁的绿栏栅。端庄，顺畅，有变化又严谨。

▶石墙生榕根，绿藤在其中。

◀挡土墙绿化：密植垂榕立面修剪形成整洁绿色城墙。

▲墙与行人道之间有2米宽绿化带，密植黄榕修成较高篱带掩遮石墙，再密植较矮鸭脚木为板块，形成两个层次。

◀根：挡土墙上种橡胶榕，久而久之，根沿墙而下入土，美化了挡土墙，又保护了挡土墙。

第六章　框景园林植物配置艺术

建筑物总因需要采光、通风透气、进出的功能需要，形成许多款式的门、窗、廊……等框空间。作为园林植物配置务求框景成为无声的诗，立体的画！

▲ 硬墙框绿景。

▶ 墙框简洁，绿树丰富。

▲池水泉涌，散尾起舞。

框中自有水彩画

翠竹图：景墙之内一丛黄金间碧竹，枝叶久历时日，虽突破框边，
▼仍然充满一幅立体之画情意。

▲ 弧形建筑框边，横条木凳，竖向线条的绿树，构成一幅四平八稳的框画。

◀ 小区绿化，不仅在室外有美感，而且在室内某个角度观赏亦有美的视觉享受，有内外交融的一体化联系。

▶ 长轴墨竹图。

▲ 外景郁郁苍苍，内看亦不失园林绿景的诗情画意。

▲ 美如画：建筑醒目蓝线，跟绿篱垂榕相衬，白坡顶映衬浓密大王椰群，圆球形黄榕，点在其中，色彩线条甚美。

▲ 园林植物配置不仅从一个方位观赏优美，而且力求做到多方位、多角度、平视、俯视、仰视……欣赏都有变化、有美感。

◀ 二重奏：高层乔木是细叶榕、蒲葵、糖棕、海南椰子，下层是红背桂、棕竹、鸭脚木、小蒲葵、蜘蛛兰。

▲ 方窗之中，绿意探头，散尾葵清雅，潇洒耐荫。

▲ 裙楼框景：棕竹、山瑞香、花叶鸭脚木、黄榕，耐荫、有起伏，生态自然中有整洁，达到家在花木中、花木中有家效果。

◀ 浓枝密叶的垂丝榕，气根下垂，如帘如帐。

▼ 小桥绿树人家。

窗前春波：散尾葵、蒲葵这些都是最廉价的地域植物，粗生，少病虫害，易出亚热带风情效果，所以经常用。

框景：这是一幅充满南国风情的葵乡即景，为高层某个视距角度，创造立体框画。

硬质黑大理石柱横竖，飘洒银海枣直立，对比中的美丽。

小桥秀竹：室外一株银海枣及绿地一片，室内是绿萝，衬托一丛秀竹枝，也不失为景。

▶绿满框中：水蒲桃，绿叶横枝，黄榕球半圆，假连翘密植平剪；背景灌木层叠，人们在移步中尽享瞬间美景。

▲在室内无论坐或站，只要外望，都是绿树林海拥高楼，郁郁苍苍。

▼金山葵横叶框前，形成绿帘景观。

层叠丰厚的林木组景，充分考虑植物对光线的需求。▼

▲ 窗框小景：散尾葵一侧丛植，下配耐荫花叶鸭脚木，画意盎然。

▲ 架空层下大外墙，硬铺装后所剩绿地无几，美丽异木棉、散尾葵、老人葵、桂花、大红花组成亚热带林相，鸭脚木为篱栏，组成整洁生态小院。

垂榕朦胧中，散尾葵、蒲葵、野芋在卵石中，是画。▼

宽大的蒲葵叶、垂榕，使框景绿量饱满。▼

▶ 门前框景：人们出外，抬头是一幅入画的林木美景，给人瞬间的视觉美感;除环保功能外，观赏功能也是小区绿化的目的。

第七章　停车场园林植物配置艺术

交通工具的现代化，停车场是当今重要的公共附属建筑，园林植物配置直接为停车场及车提供绿化服务。

地铁出入口建筑坡顶，两行直线绿篱，云天中林冠线起伏。美在其中。

▲地下车库入口营造自然生态丛林。

▶楼下行人小道及停车场入口用垂榕修剪，下层用黄榕密植，修剪成板块，荫暗处植棕竹，高耸大王椰，人工美、自然生态美交融一起，洁净野趣。

▲车停林荫里，炎夏烈日可奈何。

▲地下车库入口：垂榕绿篱围绕建筑矮墙，令墙绿化美化。

▲ 地下停车场通风口：不宜密植高灌木，影响其功能，密植福建茶，修剪成板块，可加大绿量，更环保，更美观。

▲ 地下车库入口：密植黄榕修篱，大王椰、美丽针葵、垂榕组成楼前绿丛。

▼ 地下停车场向外看，完全是一幅长轴热带风光画卷：有疏有密，有空白，有高有低，节奏韵律尽在其中。

▲ 樟、盆架子作高层挡阳；垂榕、桂花、大红花作中层；下层密植福建茶修剪成篱作分隔。

▲ 停车场入口：密植两层大红花，跟墙协调，高层是榄仁、大王椰，整洁。

▶ 黄槿丛林及假连翘修剪篱。

▼ 地下车库入口绿化：跟其他绿化融为 一体。

▲车库顶上垂绿飘红。

▼画卷：地下车库绿化构筑了风情画，蒲葵、蜘蛛兰、红背桂、春羽，高低层次构图优美。

▲停车位两侧是樟树，福建茶密植修剪成篱作分隔。

▼葡萄架下好停车。

▲绿色通道，绿色入口。

第八章　楼梯廊道园林植物配置艺术

有楼必有梯，现代高层建筑有更多形式的梯廊通道设计，如何进行灵巧、合情合理的园林植物配置……

登道层层，两侧用均匀细叶榄仁，冠幅托位也层层，别有风韵。下侧用蒲葵、蜘蛛兰、鸭脚木做地被，此为另一番景象。

步步高：登道中间隔离带用桃花、春羽；另一侧是密植细叶榕，耐荫蒲葵组成绿屏；下层用红色洒金、春羽、一品红成带组合。景观殊佳。

登道另一侧用细叶榕作高层遮荫，浓密植蒲葵、白刺露蔸、鸭脚木、红背桂，山道充满野趣。

登道一侧散尾葵成行成丛密栽，露蔸、朱兰组合，亦感山径风情。

半边天绿：登道亭角植大口径细叶榕一株，配以高椰、矮散尾葵，十分入画。

▲梯间绿化：橡胶榕遮挡梯下空隙，使梯道有依托扶靠，地被红背桂。

◀旋梯小景：梯前高植丛干散尾葵，可以跟竖向铁栏栅协调，周边是佛肚竹，下层是春羽、红背桂、鸭脚木，相当优美。

崇高：登道梯口角植橡胶榕一株，粗干冲天，浓荫蔽日。▼

▶登道小景：细叶榕、椰子让小道成清凉世界，横飘马缨丹，更添诗情画意。

▲ 梯口小景：密植散尾葵，一侧是细叶紫薇丛植，之下是毛杜鹃、黄蝉、米兰、含笑等，福建茶为篱。生态景观梯口。

▶ 楼宇首层过道小景：山瑞香耐荫，银边草、大王椰、酒瓶椰等组成高低错落绿林景观。

▲ 步步高：登道边缘，高层用各规格大王椰、蒲葵、红刺露蔸组成有节奏边缘绿带，下层用圣诞花、黄金叶球、春羽组成彩带，甚美。

▲ 高梯道口：高层是大王椰子，梯底及前后是春羽、花叶鸭脚木、花叶良姜、蜘蛛兰、黄榕丛，无光线处是红背桂、野芋等，虽是梯口小景，亦要丰富生态。

▲ 天桥旋梯口，只有几平方绿地，植小叶榕一株，参天而上，可挡阳，树下密植蒲葵、散尾葵、非洲茉莉、棕竹，可造成层次感，以免桥脚露土。

▲ 径板桥绿化：一侧为金山葵，一侧为菠萝蜜、青竹、垂榕，地被是野芋、万年青。野趣甚浓。

▶梯口绿化：高乔木是细叶榄仁、垂榕、青皮木棉，中层是蒲葵、大红花、黄榕球。

▲梯口小景：大红花修剪及九里香平剪协调梯口铁栏，前方植散尾葵。

▲梯口周边绿化：白兰、四季桂、非洲茉莉、鸭脚木、樟、盆架子、蒲葵，香飘空间。

▼梯口绿化：大红花修篱，右侧是黄榕篱，衬景乔木是桃花心、垂榕、散尾葵。

▼梯前绿化：窄槽绿宝石。

▲ 廊棚小景：两侧密植垂榕，而下层是美丽针葵、含笑、九里香。

▲ 桥角种上一株高椰子，树池满种亮叶朱蕉，高树情趣横生，周边细叶榕、鸡蛋花、鸭脚木、散尾葵，构成丰富林荫。

疏枝映蓝天：廊桥上层植凤凰木一株，夏季绿荫如盖，开花时如蓝天红云；桥下九里香密植，黄榕成板块，干净利索。▼

▲ 小桥之绿化：前方高层是大王椰，两侧用鸡蛋花、白兰、木芙蓉、红铁、桂花、蒲葵、黄榕等组成地域明显、丛林式亚热带风情小桥。

▲ 廊桥绿景：桥一侧成行成丛密植蒲葵，构成起伏林冠线，用密植成带的红洒金作底层。碧水红花绿葵林是正宗南国水乡情。

廊桥侧景：花槽密植鸭脚木自然成带作下层，中层用小叶紫薇、红洒金、洋金凤、桂花、散尾葵等，层次分明，景物丰富。▼

▶ 廊桥侧景：花槽密植黄榕成矮篱，后侧丛植金山葵与黑铁栏栅组成三个层次景观。

▲ 桥边绿化：樟、木棉为高层，莎草、芦苇、簕杜鹃、风车草组成高低错落且具河溪生态的自然绿化景观。

楼下平台通道：小花坛绿地密植大叶棕竹，前方用细叶榄仁、盆架子、秋枫、黄花风铃、山瑞香、非洲茉莉、桂花、白兰、鸭脚木等，组成生态景观。

人们在廊道移步流动，园景变化万千，造步移景换的效果。图中是白兰、桂花、茶花、八角金盆、红背桂、毛杜鹃等。

第九章　门前窗外园林植物配置艺术

所有家都有门。门前如何利用植物令其置于自然野趣中，这是一种艺术，居室是现代高科技成果，出门便在自然生态花丛中。

楼下门前绿化处理：整洁，开朗，舒畅。黄金叶修剪成篱，在人频密活动小地如大厅门堂，用人工修剪，令绿地按一定范围生长，毫不影响人流通方便，周边是自然生态林木，令绿也端庄。▼

▲ 整洁的垂榕绿墙篱。

高层楼梯：植白兰协调楼，周边绿化用桂花、垂榕、米兰、含笑、朱蕉、野芋、孔雀竹芋组合，层次分明，林态丰富。

对景：门厅两侧修剪整齐的黄榕协调硬质铺装，扶靠绿化密植金山葵。景观利索。

门庭小景：大王椰，老人葵。

楼下门前开阔地：金叶连翘密植成板块，与地面及硬质铺装协调，流畅、对比鲜明。

▲ 高层住宅大门口：银海枣协调门柱种植，海枣下是非洲茉莉，两翼是密植变叶木成板块，黄金叶修剪成带作饰边，气派，简洁，大方。

▲ 楼下门前绿化：鸡蛋花横枝大门前，山瑞香、散尾葵、黄金叶、福建茶生态整洁。绿地烘托主题明确，整洁且生态自然。

▲ 路整洁，修剪的绿篱更整洁。

▲ 银海枣、老人葵、旅人蕉，黄金叶修剪成篱。

对称：门楼通道两侧是大红花密植修剪；门柱脚花池是鸭脚木密植修剪。▼

▲窗台风景如画：窗前楼下墙边，用老人葵、垂榕、桂花、山瑞香、红草、金叶连翘、黄榕组织成秀丽亚热带林景。

窗前一丛黄竹仔偏侧，野芋矮在另一侧，中段用黄边万年青、花叶鸭脚木过渡，卵石少许，层次轻重色彩分明，有起伏，且不会阻窗视线。▼

◀窗前小景：以红刺露兜为重点，配剑麻卵石，优雅别致，疑似建筑耸立沙滩旁的植物生态环境中。

窗前种一丛蒲葵为主景观，两侧以散尾葵陪衬，前面以非洲茉莉球做过渡，花叶连翘、黄榕、红背桂、鸭脚木密植修成板块篱带，生态，整洁。

窗前飘台绿化：高植散尾葵、砖红簕杜鹃、软枝黄蝉，生态自然。

窗用于通风透气、招引阳光、拓宽视野，绿化材料不能遮挡光线。用小桂花、鸭脚木，垂飘马缨丹，实为上品。

玻璃透明，前面植散尾葵，扶疏掩映，隐隐约约。

▲ 裙楼窗前：单植一、二株狐尾椰，王椰耸立，清幽雅洁，光线、视线良好。下层密植耐荫花灌木，防人穿插，又显自然生态。

▲ 窗台散尾协调两侧，矮植荫生孔雀竹芋，亦收良好效果。

▲ 门前窗口绿化：小地边角绿地，做足绿意文章，植鸡蛋花、黄榕球、鸭脚木，线条对比强烈，层次分明。达到家在森林中的效果。

窗前楼下鱼尾葵，夹竹桃、桂花、大红花、黄榕组成林木景观。夹竹桃七月花开灿烂，色彩艳丽，大红花、黄榕为篱、为带，行人难以进入首层窗下。▼

窗前小绿，虽简，但必须精致。野芋大丛，粉黛色亮小丛，再点种鸭脚木，耐荫耐看，创造了良好的视觉艺术效果。▼

窗前墙角风光：植红刺露蔸一株，花槽种凤仙花，红绿对比鲜明，壁上挂串绿萝，这是立体小绿化，营造角地之春。

▲楼下窗前绿化：散尾葵、花叶良姜，始终能表达亚热带林态景观。

楼下窗前植蒲葵成景。

第十章　高大乔木园林植物配置艺术

新楼落成，门前后院种古劲大树有立竿见影之效，这便是种出悠久历史的园林植物配置艺术，生活在现代居室中又仿佛在深山老林原始生态中。

▼ 翠拥红楼。

◀楼宇之外植凤凰木，其枝飘舞亲吻天台棚架。

▲用密植桃花心、垂榕、细叶榕组弧形林冠，另一侧木棉耸立，形成优美驼峰。

◀雄姿：鸡蛋花孤植效果，古干劲枝舞蓝天。

▼蓝天白楼绿树。

▶对景：树池植百年古榕，旁景是飘洒的凤凰木，苍劲雄伟。

▶
楼前凤凰木初夏荫如盖，仲夏红花灿烂，犹如红云伴楼间。

▲阴香、凤凰木、使君子等绿树林攀，相伴一生。

绿树·群楼·蓝天

绿树红花横斜在其中。

楼宇适当处植凤凰木一株，其枝飘洒，趣味盎然。

驼峰绿翠：林冠起伏，植被色彩鲜明。

天井绿化：庭园深深，冲出棚架是细叶榄仁；中层是荫生植物鸭脚木；下层是喜湿耐荫的春羽、花叶良姜，组成高低错落的植物生态小群落。

▲试比高：横线建筑，竖立高耸盆架子，景趣盎然。

◀绿叶红花：大叶榕在后，红花紫荆前配植，绿叶配红花，是混交种植方法之一。

▼红木栈道，绿树荫。

▼红果绿树白柱墙。

楼宇旁边必须用5米至12米高左右的乔木绿化，大方、得体，绿化效果快。树过小成荫慢，楼与树比例失调，原始森林效果难凸显。

▲ 伴侣：楼宇跟一组老干青皮木棉搭配，相得益彰。

▼ 矮亭、高树，桂花伴君景中游，一路清凉。

▼ 问天：芭蕉、大叶伞、野芋、垂榕、绿竹组成南国丛林。背景是直插蓝天的青皮木棉，整个画面疏密有致。

◀ 楼宇乔木搭配，植台湾相思一株，疏枝密叶，别有风味。

▲
苹婆、盆架子、杜英、白兰、银海枣、垂榕、细叶榕、花叶良姜、朱蕉、野芋组成楼前绿的海洋。

▲群楼疏林：密植白千层成楼前森林。

▲对峙：菩提榕、桃花心、芒果组景，与高楼相映。

◀
花木丛中的家是理想的居家：园林花卉配置必须为居家创造自然生态环境。图中的家在自然生态森林中，在享受现代科技成果居住时，下楼便入花丛中。鸡蛋花、白千层、红花紫荆、山瑞香、黄榕、桃花心的搭配在森林。

◀
高层楼宇前植一株托位分明、冲高生长的南洋楹，不失为良策，历经岁月，树必与楼同高。

▶
相依：高楼下植两株南洋杉。

▲ 园林植物配置的目的是为家、工作环境、活动场所创造一个近乎自然生态的山水森林环境。图中人们在现代化建筑中安家或在里面办公、生活、工作、学习，是在自然生态中进行一切活动。既有现代化设施，又有原始自然丛林的野趣。

楼前绿绣：盆架子群、大叶紫薇、桃花心组成起伏波涛。▼

▶ 木棉冲天，水石榕、桂花、红绒球、樟树、芦苇、莎草、风车草在左右衬托。

▲ 中流砥柱：假槟榔、大叶榕、金山葵、大红花组成绿林簇拥高楼之景观。

园路绿岛约40平方米，密植大乔木细叶榕五株，枝叶一展则绿叶遮天，雄伟效果立显。

建筑侧旁孤植菠萝蜜一株，直指蓝天，雄伟亦壮观。

▲建筑物前种植疏而高的大王椰，热带地域风情如画。

◀几株细叶榕组成穴种植，疏落有致。

▲紧邻建筑物栽种参天木棉，仿佛是现代时尚、古老历史。

别墅前庭一株高大王椰直上云天，与层次错落红屋顶互相辉映，美极。▼

两幢高矮不一的建筑，用一株高耸王椰、一丛略矮霸王椰协调，两组高矮不一的楼，殊具韵律、节奏，十分入画。▼

◀天仙配：霸王椰，叶形特异，甚富线条美，冲出屋顶一高一矮，天蓝如洗，十分美。

▲ 大香樟、蒲葵、大叶伞、花叶鸭脚木。大树、小灌木，耐荫，共生共荣，人与自然和谐相处。

▲ 江河断流，沙漠南侵，植物枯萎，作为园林植物配景师，要捍卫、创造植物生态群落的衍生地，在人类文明缝隙中造出植物生态文明。

▲ 南洋楹、椰子相搭成趣，形成高楼侧畔都是绿景观。

楼前高树杜英、细叶榄仁、洋蒲桃，效果不错。▼

刚落成的楼宇，庭前栽冲天香樟一株，新楼新树试比高，意境仿佛有百年历史。▼

▲楼层质感硬，规则，银海枣枝叶轻柔，一硬一软颇有趣。

▲趣横生。

▲争高：平地而起的高楼，平地而起的参天巨木，互相辉映。

▶对阵：轴线两侧列植整齐小叶榄仁，树池密植黄金叶。

▲ 红瓦之上高飘青皮木棉，椰子在前，虽然是刚完工的建筑，颇具年久之景。

▲ 美在其上：在别墅宅旁高耸云天一蒲葵，红瓦蓝天衬绿叶，十分诗情画意。

大王椰对称种于庭园小直径，饶有情趣。▼

▲ 用大王椰搭配高矮建筑群，形成白墙红顶高耸翠景观。

▲ 居家楼前见休闲：巨大细叶榕，宽阔小广场，亭台，绿水，凳椅皆齐备，这是理想家园。

▲ 蓝天疏林见碧水，林池用密植福建茶铺设。

▲ 绿树红花簇拥群楼，前庭独栽一株假槟榔，直线上云天，与建筑直线和谐、协调，优美、另类。

▲ 建筑物硬线条，狐尾椰软枝羽叶轻飘洒脱，高楼绿树入云天，共同映衬蓝天，美仑美奂。

狐尾椰本身线条就美，直干曲羽叶，洒脱，活泼，与蓝天高楼同在，视觉效果向上无限拓展。▼

第十一章　树池园林植物配置艺术

人要穿鞋着袜，方显文明洒脱，树池不露土就要织锦绣绿，让方寸之地充满诗情画意。

▼ 拔地参天大王椰，地面默默阶前草。

▲ 同心圆：庭前坐凳树池种芒果一株，再满种黄榕。

▲ 当乔木种在小池上之后，用鲜艳彩叶草植中央，沿阶草饰边，树池方寸之地顿生无限春光。

▲背景翠竹婆娑，池中红刺露兜舒展身姿，黄金叶密集相伴，这是植物的舞台艺术。

▲小绿烘托大树。

▲点点翠红拥苏铁。

南国风情浓：大王椰路树下，树池里植小蒲葵、花叶良姜、红背桂、黄榕为带状，树池虽小，但也丰富，生态自然，所有植物配置均为创环境自然生态服务。

树池绿化：福建茶。

▲ 树池绿化：福建茶。

▶ 橡胶榕树池植小蒲葵、红背桂，令树池生态免露土。

▼ 碧水绿叶红鸡蛋花，加上紫花马缨丹，美景似童话。

▲铺装树池密植四季桂成丛状，无处不芳香，别有风趣。

◀树池里栽种椰子、大王椰，池用细叶紫薇、软枝黄蝉、洋金凤、红洒金榕、花叶鸭脚木等种植，色彩鲜明，生态，自然，物景丰富。

▼蜘蛛兰。

▲美丽映像。

◀独舞：庭前铺装树池种野芋一株，池种满沿阶草，背景是春羽，高层是大王椰、散尾葵、棕竹，颇有趣。

▶亭架中央砖红簕杜鹃，盛花时节犹如红云飘。

▶ 硬石座凳、蓬松鸭脚木对比，美。

▲ 圆树干方绿池形成对比美。

▲ 池带用琴叶榕、红背桂、九里香，生态不单调。

▶ 树池里用沿阶草，耐荫，耐踏。

▼高林矮石绿池中。

第十二章　崖飘园林植物配置艺术

大自然中危岩峭石隙中，有着顽强的绿色植物生存，在园林建山筑池造景时，崖飘这种仿生艺术尤显重要。

▲无限风光在险峰

▶微缩景点，悬崖峭壁处，盆栽马尾松植在其中，犹如蛟龙腾空，翻飞狂舞。

▼黄榕峰顶飘。

▼石山之巅、悬崖险壁处盆栽树桩福建茶、圆柏，凌空飘舞。

▼春天脚步不可挡，危岩乱石生机盎然。

▲危岩险壁的春天。

▼微缩景点山崖配植山瑞香。

家·森林

家。房子。好家好房子惬意一辈子。什么是好家好房子？用园林植物配置，把家、房子与自然拉得更近，家、房子就在自然生态环境中：树长青、水常流、鱼常游……。